有趣的地理知识又增加了

这就是方向与方位

郑利强 / 主编　王晓 / 著　段虹 / 绘

電子工業出版社
Publishing House of Electronics Industry
北京·BEIJING

前言

《有趣的地理知识又增加了》丛书为地理科普读物，面向儿童介绍了地图、山脉、地形、地震、河流、火山、方位与方向等地理相关知识，插图精美、内容丰富，逻辑性强。该套丛书深入浅出，以儿童的视知觉为基点，充满童趣的漫画角色将枯燥、深奥的地理学科专业知识架构逐一呈现，循序渐进。此外，书中以游戏提问的方式，引导儿童带着问题阅读，具有较强的启发性，利于小读者增加对地理学科的兴趣，提升其自学能力及探索精神，这是一套非常适合学龄儿童的科普游戏读本。

西南大学 地理科学学院教授 杨平恒

你一定见过物理化学的实验，但你听说过用地理知识来做的游戏吗？这也我第一次见到，有人居然将有趣的游戏与地理知识巧妙地融合在一起。作者大胆的奇思妙想结合有趣的画风，把平时看似枯燥的地理知识用一个接一个的小游戏表达出来，让人看过之后，欲罢不能。本书真正从儿童互动式的游戏角度，完成了地理这门通识类学科从高高在上的学科知识到儿童启蒙的真正跨越，令人大开眼界。从一个读者的角度来看，不得叹服作者的神来之笔。是一套值得推荐给小朋友的真正佳作。

全网百万粉丝地理学习短视频博主

“小郭老师讲地理”创作者 郭帅

地理学是一门包罗万象的学科。日月星辰、风雨雷电、江河湖海、山石水土……我们身边的各种自然现象与环境，都是地理学所关注的对象，也都和我们的生活密不可分。《有趣的地理知识又增加了》系列共八册，对8个最具代表性的地理主题进行了有趣而深入的解读。书中文字生动而准确，绘图精细而有趣，图文巧妙结合，将深奥的地理知识以最适合孩子的方式呈现出来。特别设计的问答环节更能激起孩子的求知欲与好奇心。相信这套书能带领小读者走进地理的世界，获得丰富的知识，掌握地理的技能，更享受到地理的趣味与探索未知的快乐。

山原猫探索联合创始人 北京四中原地理教师

朱岩

小步和他的朋友们

小伙伴们大家好！我是你们的老朋友——小步，我是一只很多人都看不出来的小青蛙，呱~

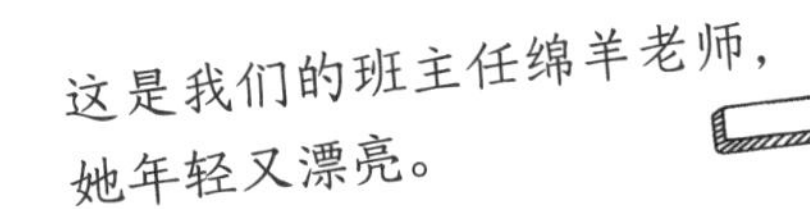

这是我们的班主任绵羊老师，她年轻又漂亮。

这是我们的猫头鹰老师，他睿智又博学。

这次我还带来了一些新朋友。以后我们可以一起去玩耍、游戏、探险！

大家好！我就是超级无敌可爱的龟宝宝，我的壳一点儿都不重，哈哈！不信，我转个圈给你们看。

嘿嘿，我就是无人不识、无人不爱的“国民宝贝”大熊猫，其实我一点儿都不肥，我健步如飞。

呃……到我了……我是考拉，我是从外国来的，我还有一个名字，叫树袋熊。我……我爱睡觉，不爱喝水，不过，这是不对的，你们……你们可别学我，嗯……很高兴认识你们。

哈哈，我是头上有犄角的小鹿呀，我今年8岁，是东北的，所以，没事儿别老瞅我。

大家好！我是黑夜精灵——蝙蝠大侠，我昼伏夜出，所以你们很少见到我，请珍惜和我见面的每一次机会吧，放心，我不会伤害你们的。

咳咳，你们好！我是站得高所以看得远的鸵鸟哥哥，请注意我的性别，我可不会下蛋，你们就别惦记啦。望远镜倒是可以借你们用用，先到先得哦！

大家好！我是小鳄鱼，你们不要怕，其实我也是一个宝宝，我虽然长得丑，但是我很“温柔”。我爷爷的爷爷的爷爷的爷爷的爷爷的爷爷……，就已经在地球上生活了，比人类朋友还早。

终于轮到我了，我是大耳朵、长鼻子的小象。我是小伙伴们的游戏宝库，就数我点子最多，快来找我玩吧！

目录 CONTENTS

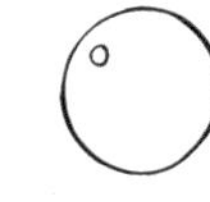

1,2,3，向右转 9

帮小步找朋友 10

和小步逛游乐场 12

藏宝图里找宝物 13

小步的郊游日记 14

停车场里遇到的麻烦 16

上北下南，左西右东 17

为什么日出的地方是东方？ 18

看日出，辨方向 20

逛故宫，分东西南北 21

太和门广场的示意图 22

跟小步逛运动中心 23

角楼的方向 24

小鹿的家是什么样的？ 25

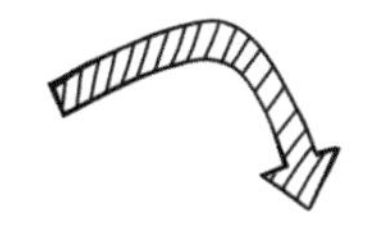

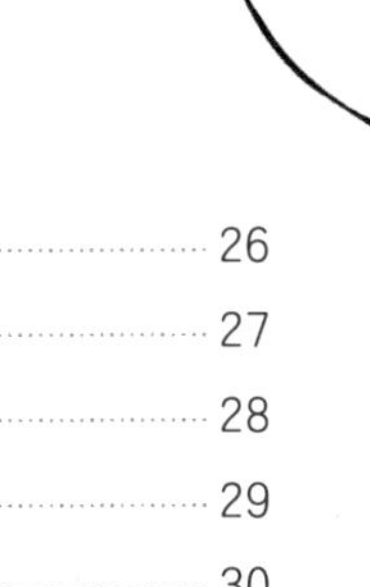

跟小步去买漫画书 …… 26

你的方向标长什么样？ …… 27

给方向标标方向 …… 28

看方向标，去美术馆 …… 29

只有一个方向的方向标 …… 30

答案 …… **32**

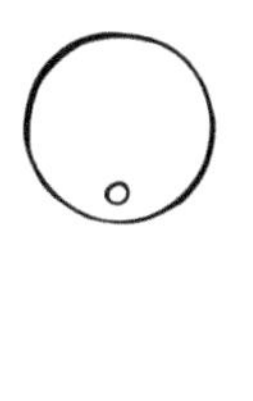

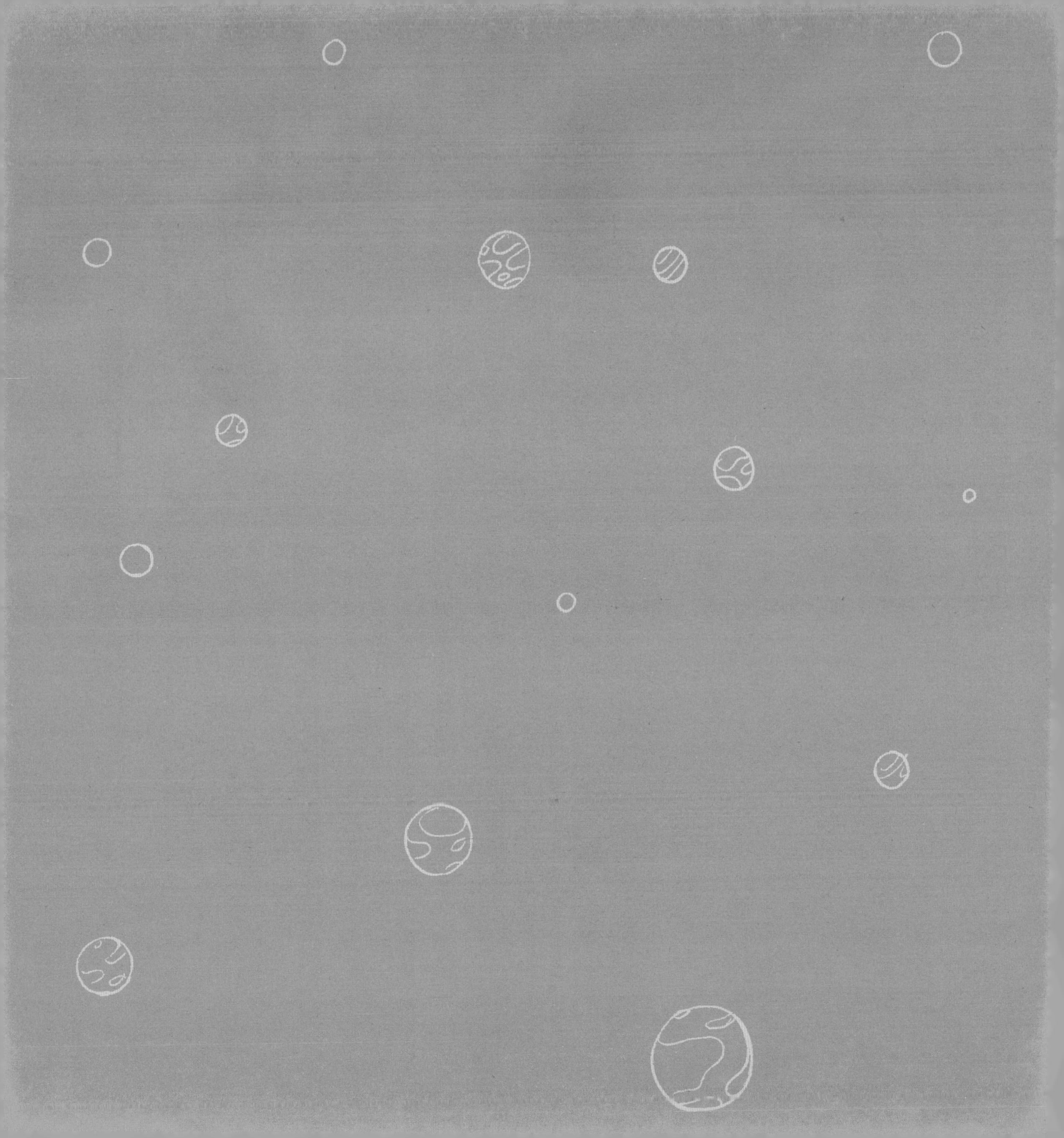

1,2,3, 向右转

帮小步找朋友

“找呀找呀找朋友，找到一个好朋友……”小步和他的小伙伴们在玩“找朋友”的游戏。他们都有想要找的朋友，可是应该往哪个方向走，才能找到自己想要找的朋友呢？

请你用箭头 ⇦ ⇨ ⇧ ⇩（⇦ 代表向左，⇨ 代表向右，⇧ 代表向上，⇩ 代表向下）来提示一下他们吧！

1.  要找 ⇨

2.  要找 ______

3.  要找 ______

4.  要找 ______

5.  要找 ______

1. 要找 ⇧⇧ ______

2. 要找 ______

3. 要找 ______

4. 要找 ______

和小步逛游乐场

小步最喜欢去的地方就是游乐场了，那里有秋千、滑梯、旋转木马和跷跷板。可是有一天，他来到游乐场时，竟然发现所有好玩的东西都不见了！快来根据下面的提示把它们贴回来吧。（请在辅助材料中去找）

在游乐场的上方区域

在游乐场的下方区域

在游乐场的左边区域

在游乐场的右边区域

藏宝图里找宝物

小步意外得到了一张藏宝图：一个山洞里藏着一件神秘的宝物。按照下面的寻宝路线，沿途集齐 这五样装备就可以找到宝物了。

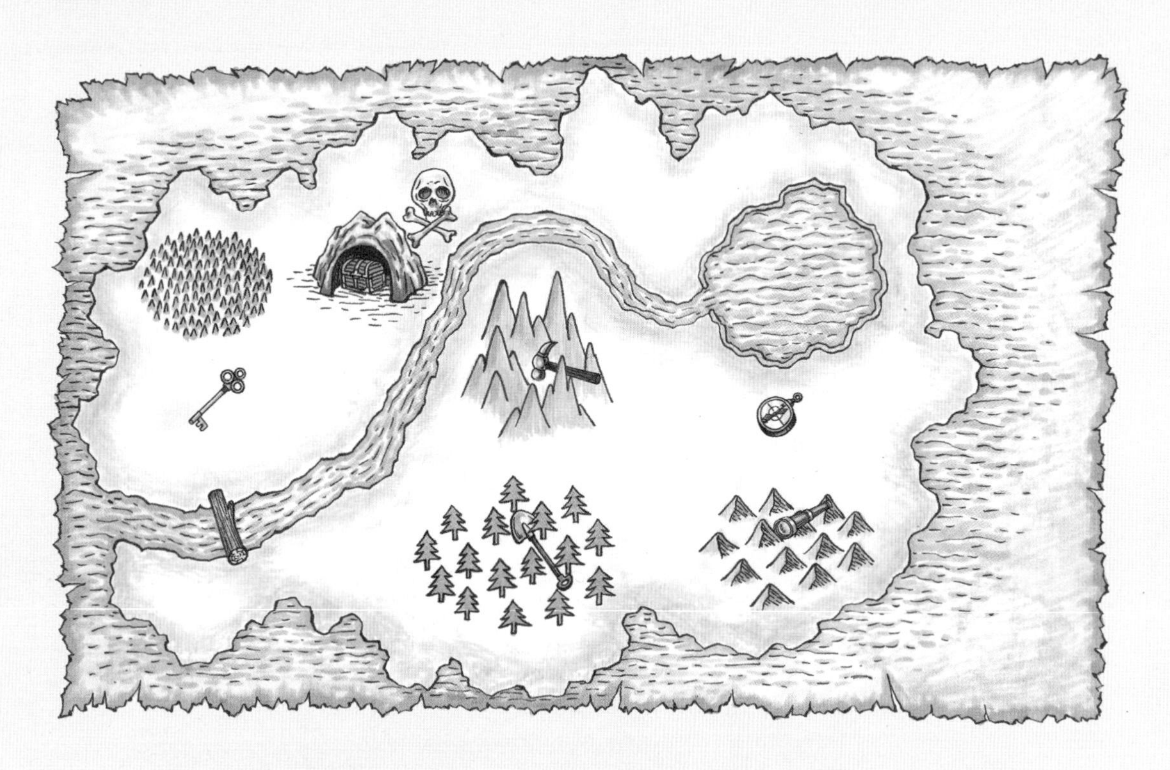

根据这张藏宝图上的标记，用箭头帮小步设计一条寻宝路线吧。

从 出发，向______走到 ，拿到装备 和 ，再向______走到 ，拿到装备 ，接着向______走到 拿到装备 ，然后沿着河边，走到 ，跨过独木桥，拿到 ，向______走到 ，再向______走到 ，宝物就藏在这个洞穴里。

小步的郊游日记

春天到了，小步和同学们一起乘坐旅行车去郊游。回家后，小步在日记本里记录下了郊游的趣事。可是，粗心的小步漏掉了一些重要信息，请你把“前”“后”“左”“右”这四个字填入括号中，帮小步把日记补充完整。

今天绵羊老师带我们去郊游，我们乘坐了一辆很漂亮的旅行车。

车子慢悠悠地往前开，我和小伙伴们都面朝______方坐好。

开车的是鸭叔叔，他坐在车厢的最______面，看起来是那么威风帅气。

我就坐在鸭叔叔身后的第一排，在最______边靠窗的位置，窗外的风景真美呀。

我的______边是大熊猫，大熊猫的______边是龟宝宝和鸵鸟哥哥。

龟宝宝和鸵鸟哥哥的______边是小鳄鱼和考拉。

我们的绵羊老师，站在车厢的前面，为我们讲解沿途的风景。

绵羊老师还和我们做了几个小游戏，绵羊老师让坐在她左手边的同学们举手，结果我也举了。

大家都笑我，我觉得很不好意思。

为什么绵羊老师的左边和我的左边不一样呢？

绵羊老师说："当我们用前、后、左、右为别人指方向时，需要告诉别人面朝哪边，面对的方向不一样，前、后、左、右就会不一样。因为我和你们面对的方向相反，所以我的左边和你们的左边也刚好是相反的。"

听了绵羊老师的讲解，我好像明白了。

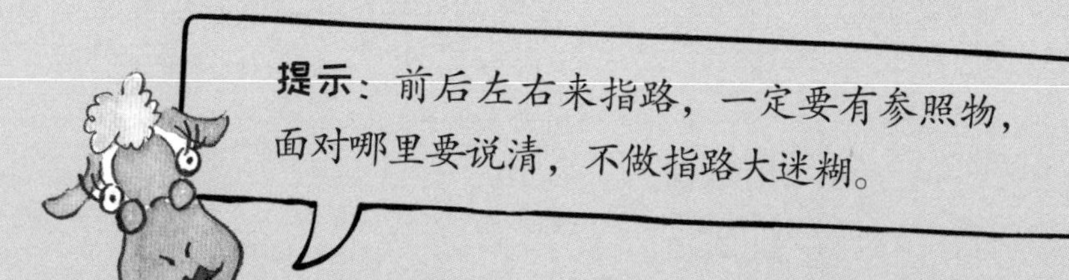

停车场里遇到的麻烦

停车场里停了好多车啊，小步和龟宝宝找不到他们的车了，你能为他们俩指指路吗？

提示：小步和龟宝宝现在还只会辨认前、后、左、右。

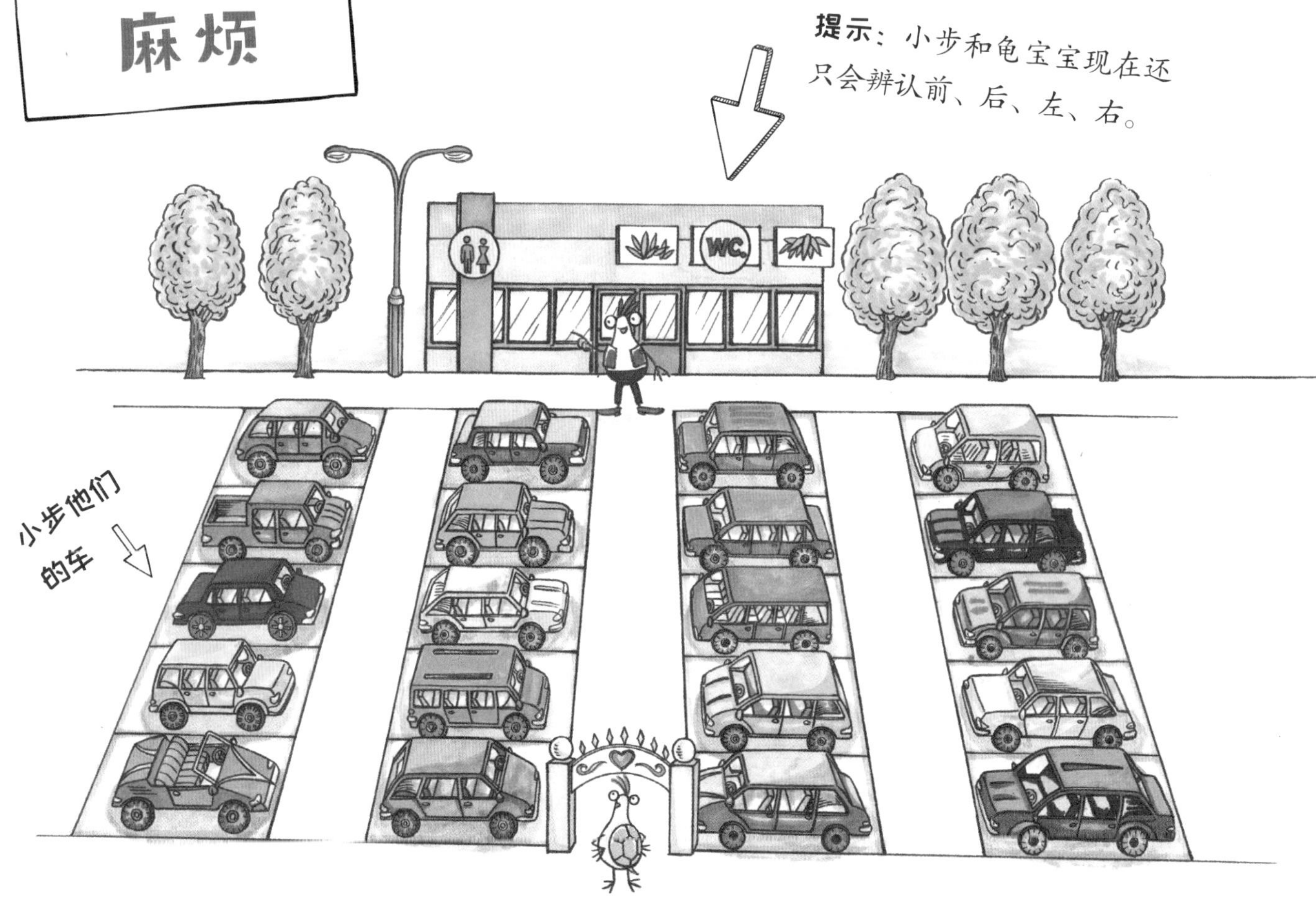

1. 小步现在就站在卫生间门口，他该怎么找到自己要坐的那辆车呢？

请小步往自己的______边走，走到停车场最末端后______拐，第三辆车就是。

2. 龟宝宝现在在停车场大门口，请你帮他找到要坐的那辆车的位置吧。

请龟宝宝往自己的______边走，走到停车场最末端后______拐，看到第三辆车就是。

上北下南，左西右东

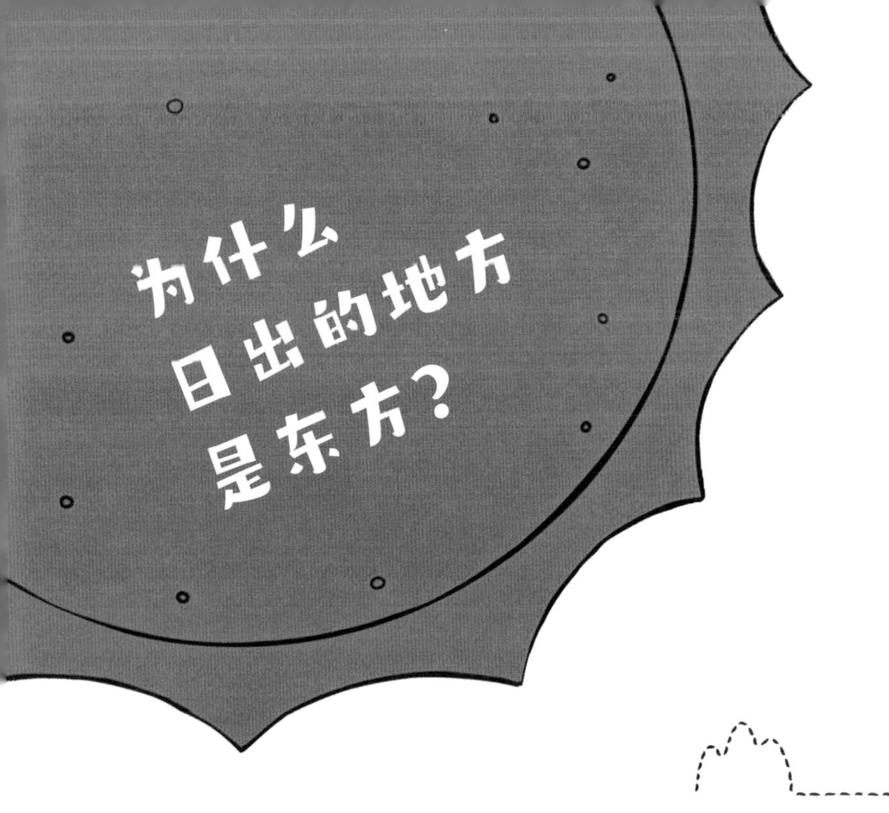

为什么日出的地方是东方？

"日出东方，日落西方"，是小步最新学到的知识。不过，为什么要用"东"代表太阳升起的方向，"西"代表太阳落下的方向呢？爱刨根问底的小步去问博学的爸爸。

小步的爸爸说："最早的人类居住在森林边上，靠打猎维持生活。每天早上他们看到太阳从树上升起，而傍晚日落时，鸟儿都飞回巢里。于是，古人们根据这两个情景发明了两个字，分别代表日出和日落的方向。'东'字和'西'字就是这样演变过来的。"

"那'南'字和'北'字又是怎么来的呢？"小步接着问道。

"人们通常都喜欢阳光而讨厌阴冷，在选择住处时，总是习惯于面对太阳的方向，背对阴冷的方向。祖先们给方向命名时，很自然地把他们经常背对的方向命名为北，'北'和'背'在古代是一个字。这就是表示方位的'北'的来历。"看来"北"这个问题没能难倒爸爸。

"那'南'字呢？"

"因为向阳地的草木接受到的阳光比较多，所以向阳的草木总是先发芽，于是，祖先们就用发出枝芽的围墙、篱笆的象形字来表示向阳的方向了，这个向阳的方向就是南方。这就是'南'字的来历。"

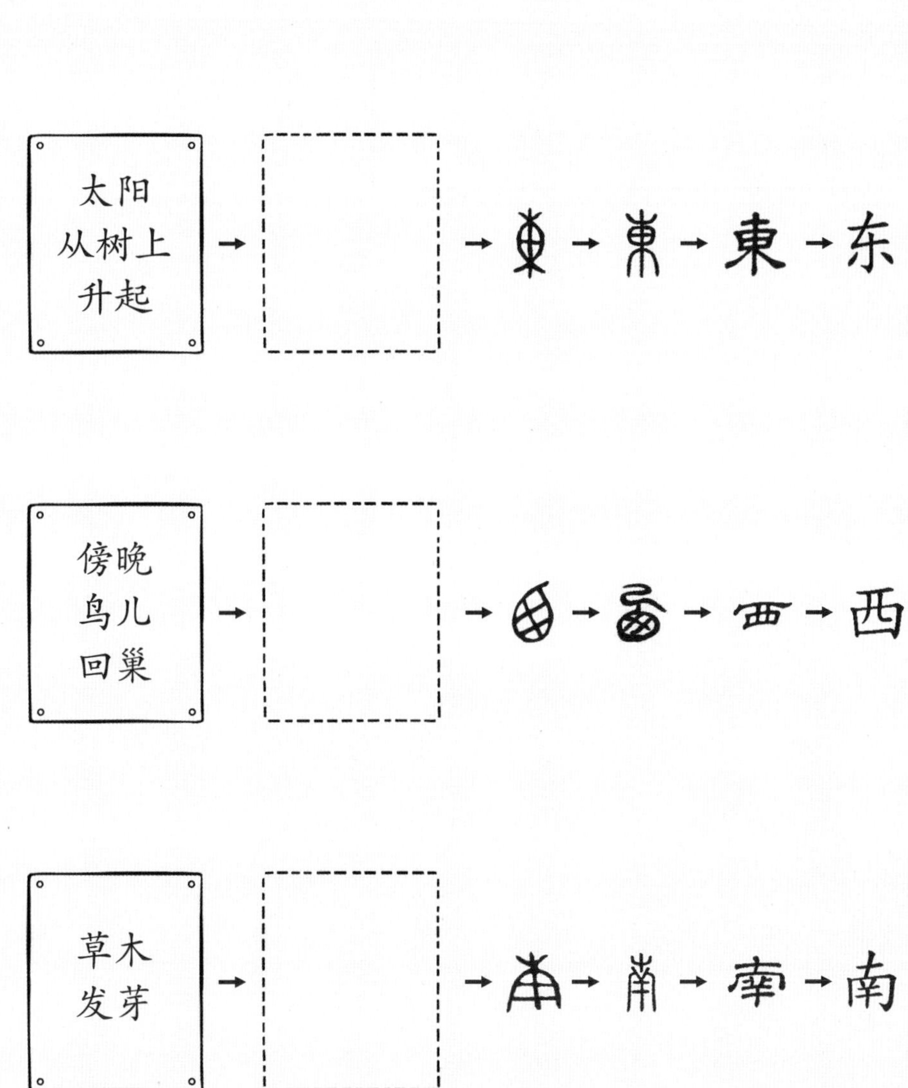

方框右侧是东、西、南、北四个字从象形字演变到现代汉字的过程。根据小步爸爸提供的信息，你能认出下面四个古字分别对应东、西、南、北的哪个字吗？这一定难不倒你，请把它们写到对应的空格里吧！

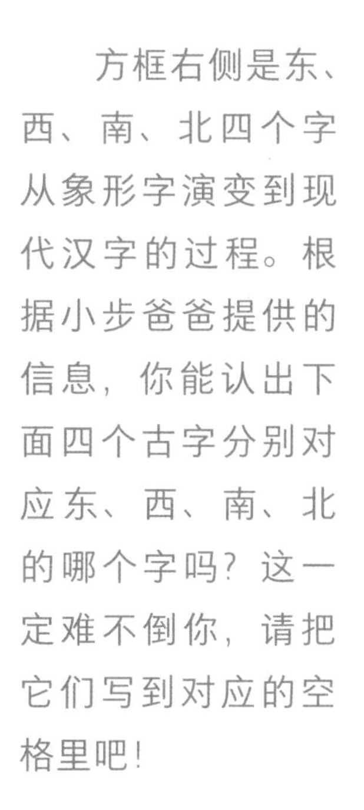

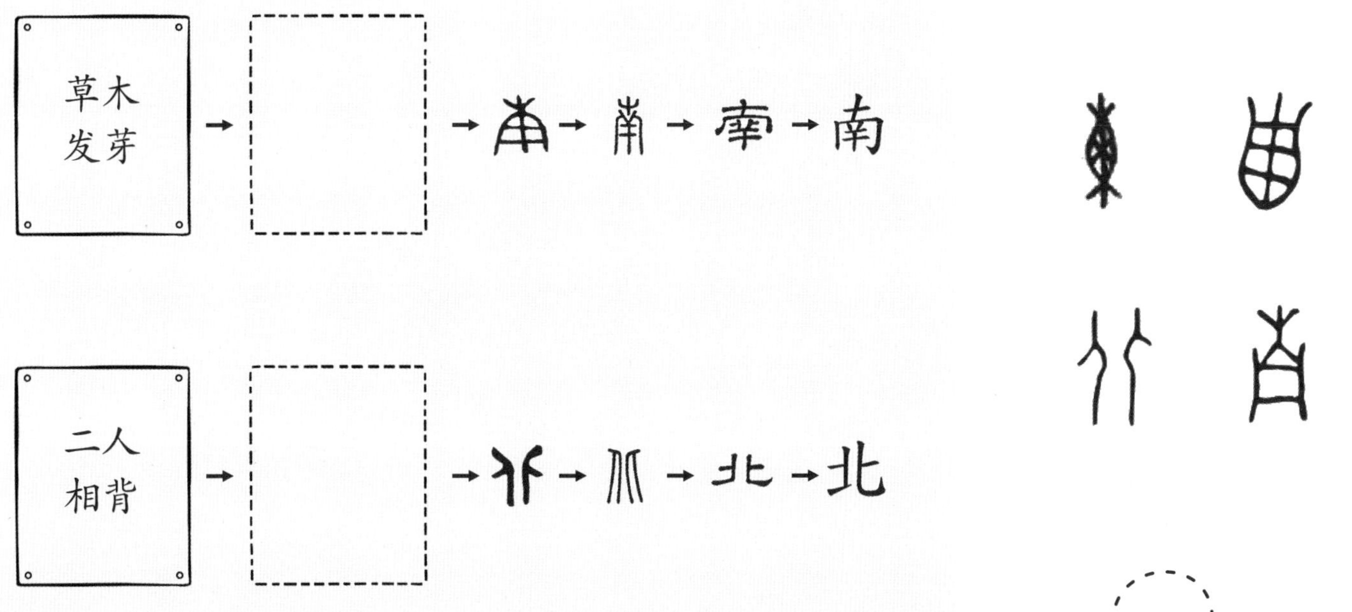

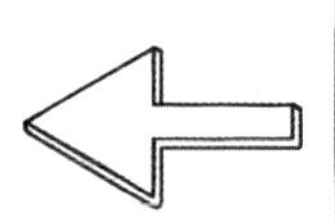

看日出，辨方向

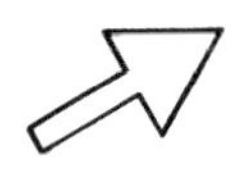

小步和爸爸一块儿去山上看日出，太阳出来了，小步站在山顶面对着太阳，这时候小步的前、后、左、右都是哪个方向呢？

提示：早上起来，面对太阳，前面是东，后面是西，右边是南，左边是北，东对西，南对北，东西南北，要分清。

逛故宫，分东西南北

小步喜欢逛故宫博物院，故宫太大了，小步刚走进午门就迷失了方向。他只知道午门是故宫博物院的南门，小步现在背对着午门，站在太和门广场的中央，你能告诉小步他的前、后、左、右分别是哪个方向吗？

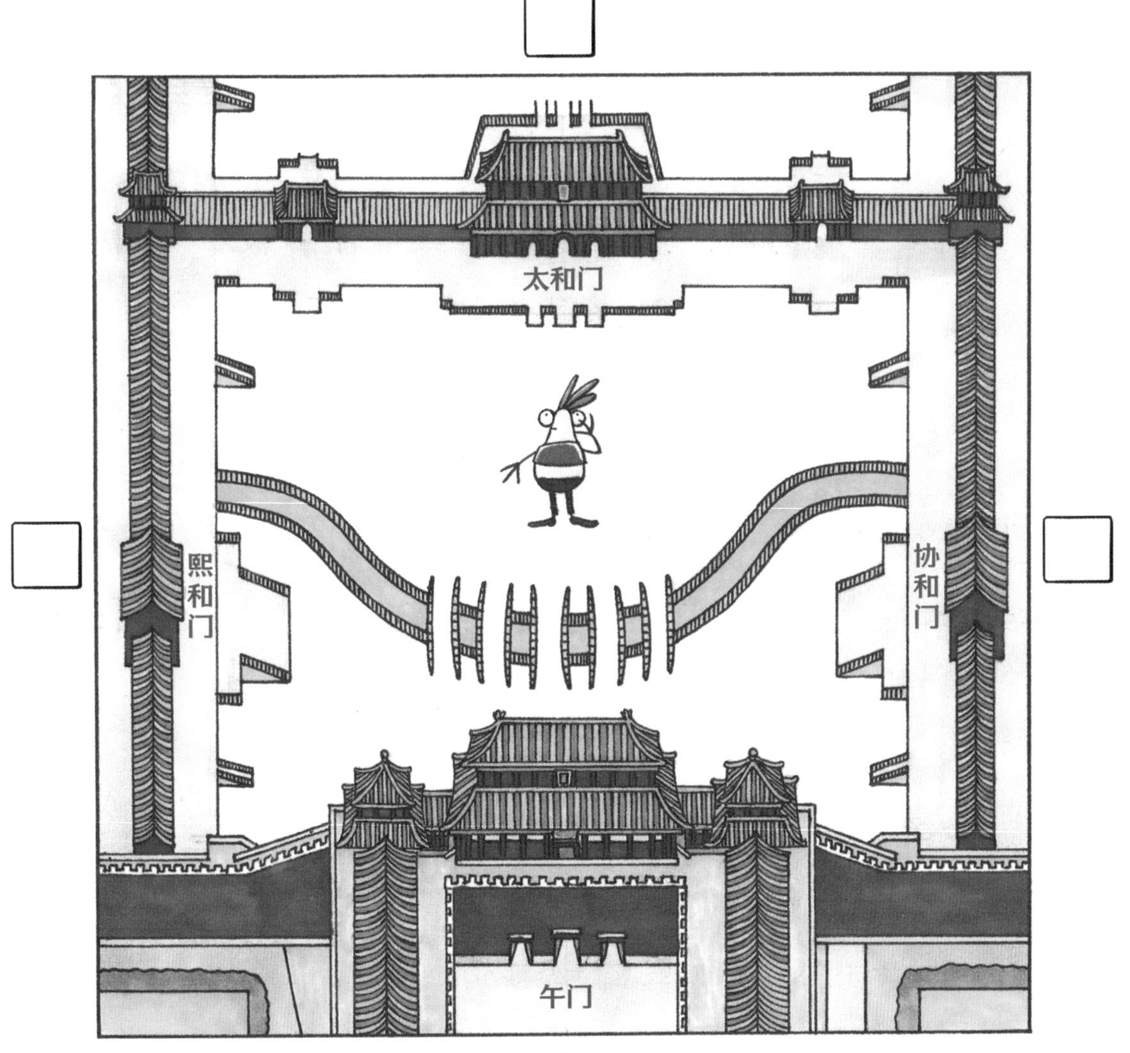

太和门广场的示意图

从故宫回家后，小步想画一个太和门广场的示意图给妈妈看。小步画了一半，不知道接下来该怎么画了。小步说他这个示意图是上北下南，左西右东，你能帮小步补全这个示意图上的建筑名和方位吗？（参考 21 页的示意图试试吧！）

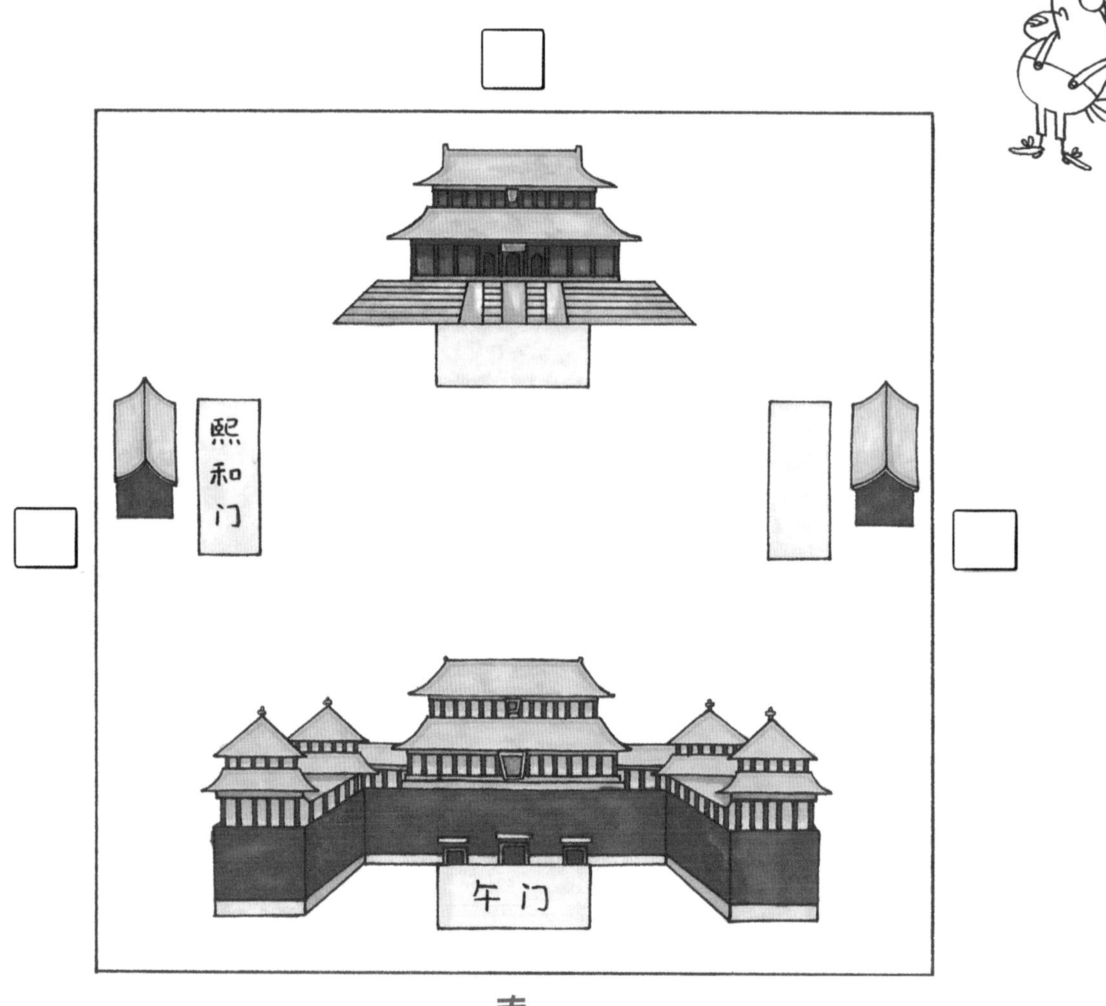

跟小步逛运动中心

除了东、西、南、北这四个方位外，我们还常常听到东北、东南、西北、西南等说法。小步家附近有一个大型运动中心，里面有各种体育设施。小步喜欢去那里游泳、踢足球。小步站在中心运动场，他的前面是北，后面是南，左边是西，右边是东。

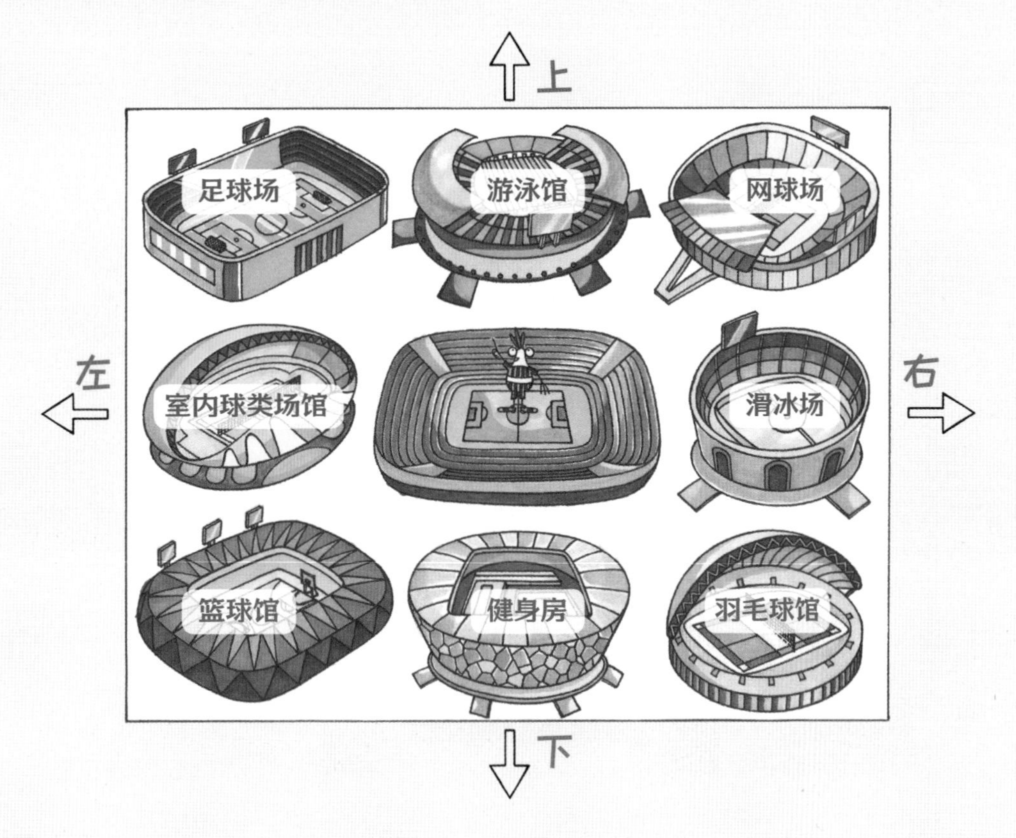

小步的周围有好多个场馆，它们都在运动中心的哪个方向呢？

1. 游泳馆在运动中心的______边。
2. 滑冰场在运动中心的______边。
3. 足球场在运动中心的______边。
4. 网球场在运动中心的______边。
5. 篮球馆在运动中心的______边。
6. 羽毛球馆在运动中心的______边。

角楼的方向

故宫过去叫紫禁城，紫禁城是一个方形的城池，它的四个角上各有一座漂亮的角楼。角楼居高临下，便于瞭望侦察敌情，它的主要功能是保护紫禁城的安全。

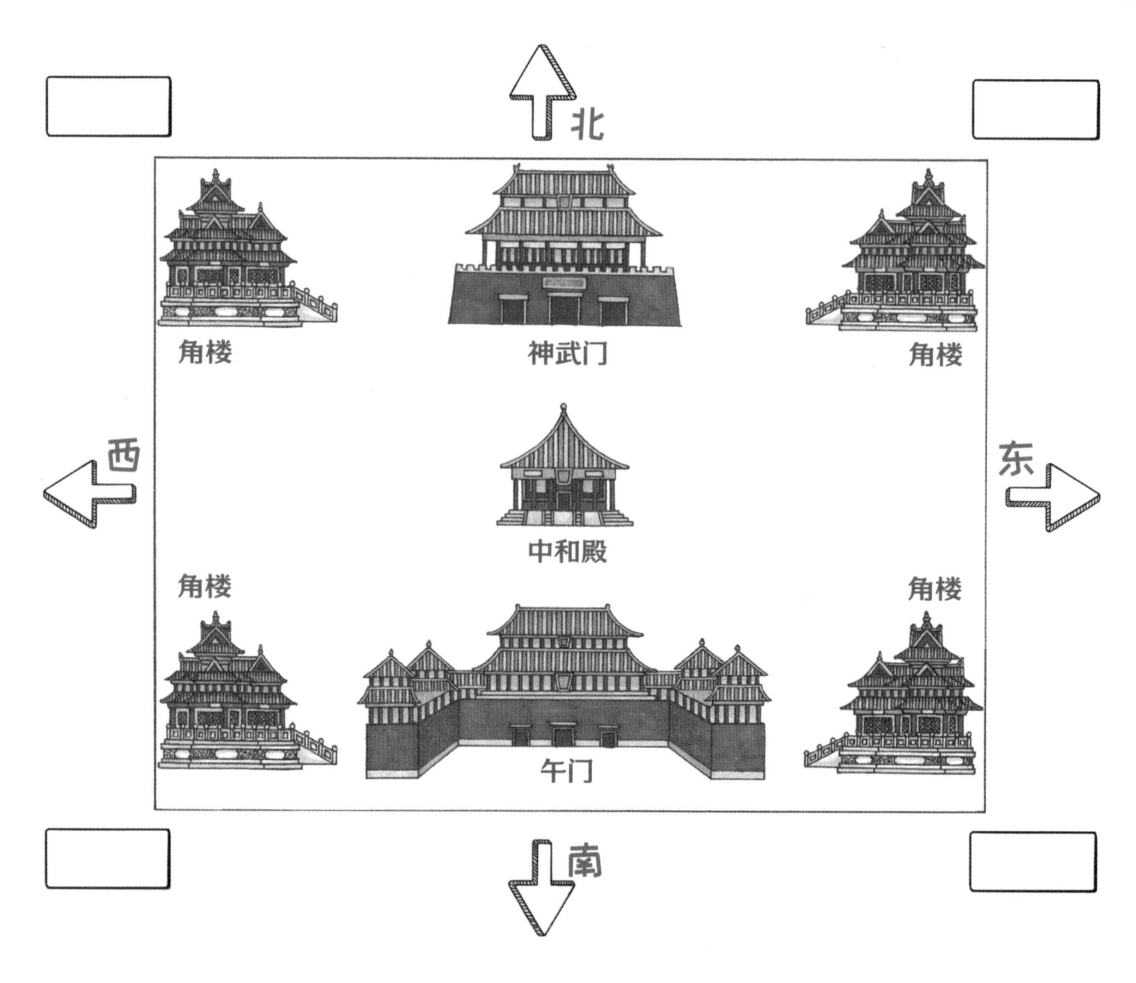

小步画了一幅图，你知道小步画的这幅图上的四个角楼，分别在紫禁城的哪个方向吗？

小鹿的家是什么样的？

小鹿邀请小步去他家玩。小步走进小鹿的房间，看到床在房间的西北角，床头朝北，书桌在房间的东北角，南北走向⇧⇩，衣柜在房间的西南角，东西走向⇦⇨，小鹿的玩具柜靠在东面墙的正中间。请你根据小步看到的布置，把床、书桌、衣柜、玩具柜分别贴在相应的位置上吧！（这些家具在辅助材料中去找吧！）

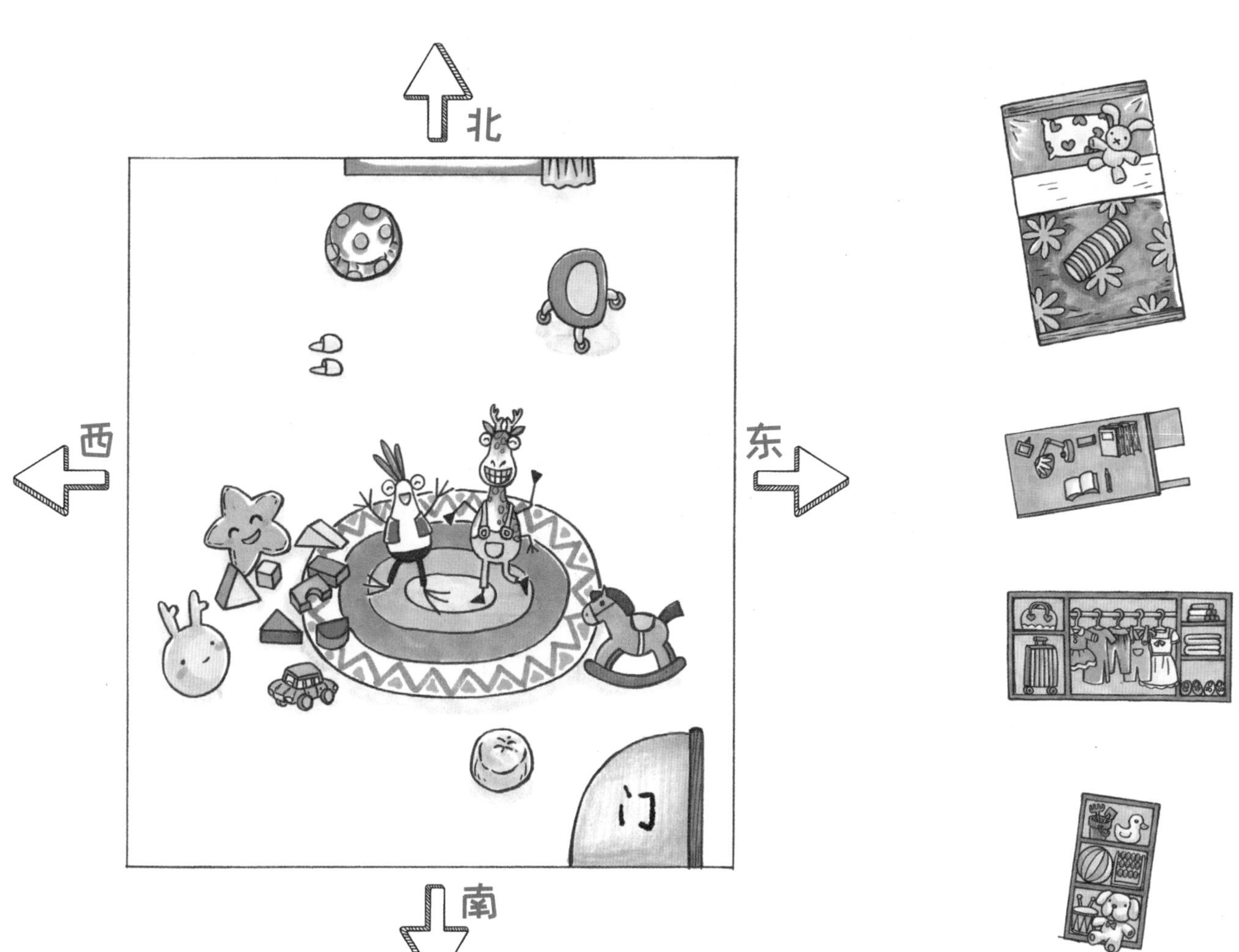

跟小步去买漫画书

小步和小鹿都是漫画迷，他们约好一起去炸鸡路的书店买漫画书。

小步从家出发，先沿着蛋糕路向_____方走到小鹿家，叫上小鹿一起沿着冰激凌路往_____方走，然后转到汽水路，向_____方一直走到炸鸡路，再沿着炸鸡路往_____方走，书店就在左手的路边。

小步在爸爸的画册里看到很多像玫瑰花一样的指南针标志，它们有各种各样的样式，非常漂亮。爸爸说这是方向标，用来表示方向的。

你的方向标长什么样？

小步决定自己也来设计一个方向标。你和小步比比，也来设计一个独特的玫瑰形的方向标吧！

给方向标标方向

下面这个是小步设计的方向标，你肯定知道这个方向标的四面各自指代哪个方向，快去填上吧！

小步还发现，方向标中常常会用四个字母来代表方向，N代表北，S代表南，W代表西，E代表东。

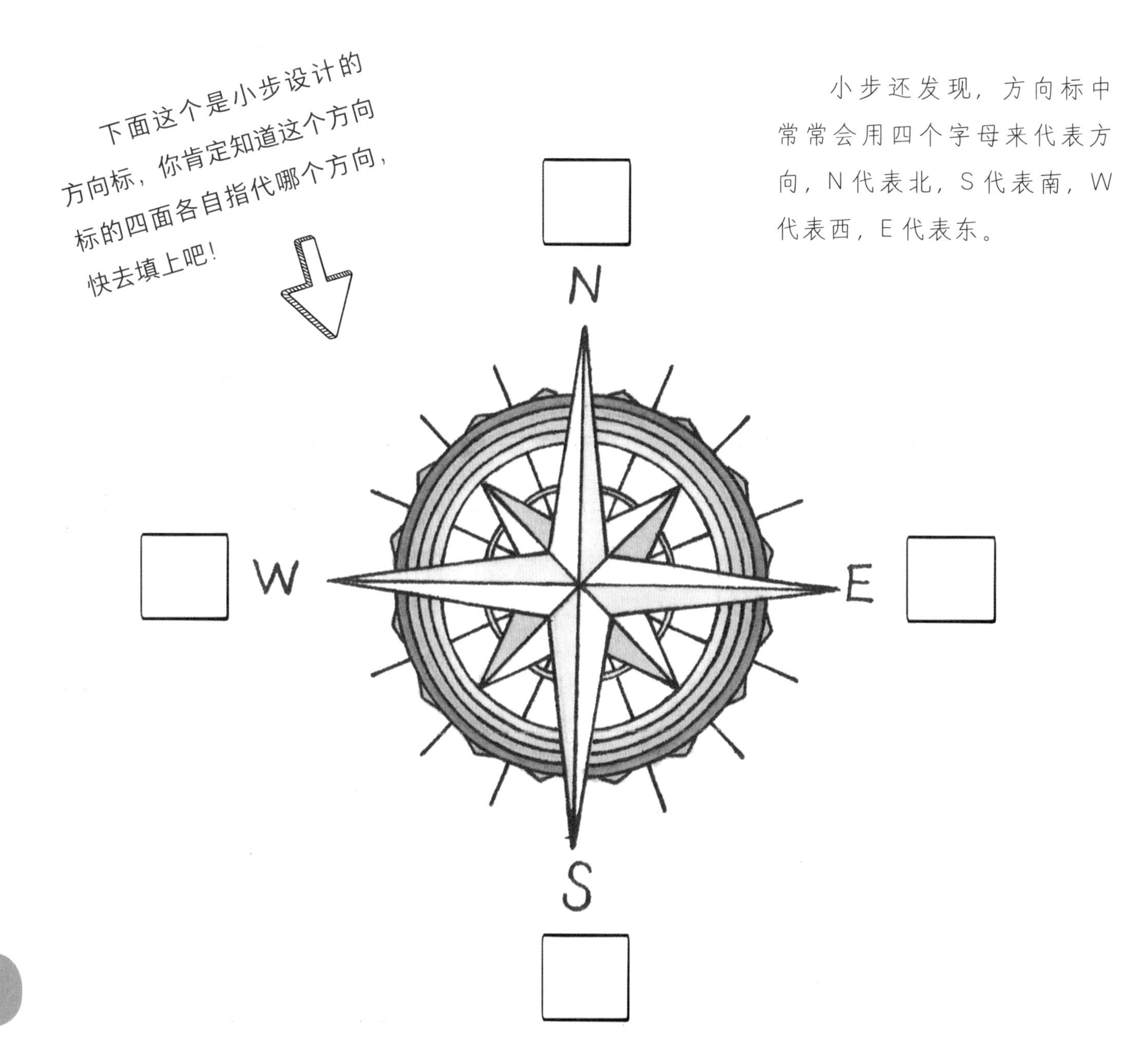

看方向标，去美术馆

这个周末小步要坐8号线地铁去美术馆看他最喜欢的漫画展。这是8号线地铁的路线图，小步怎样才能到美术馆呢？注意图中右上角的方向标。

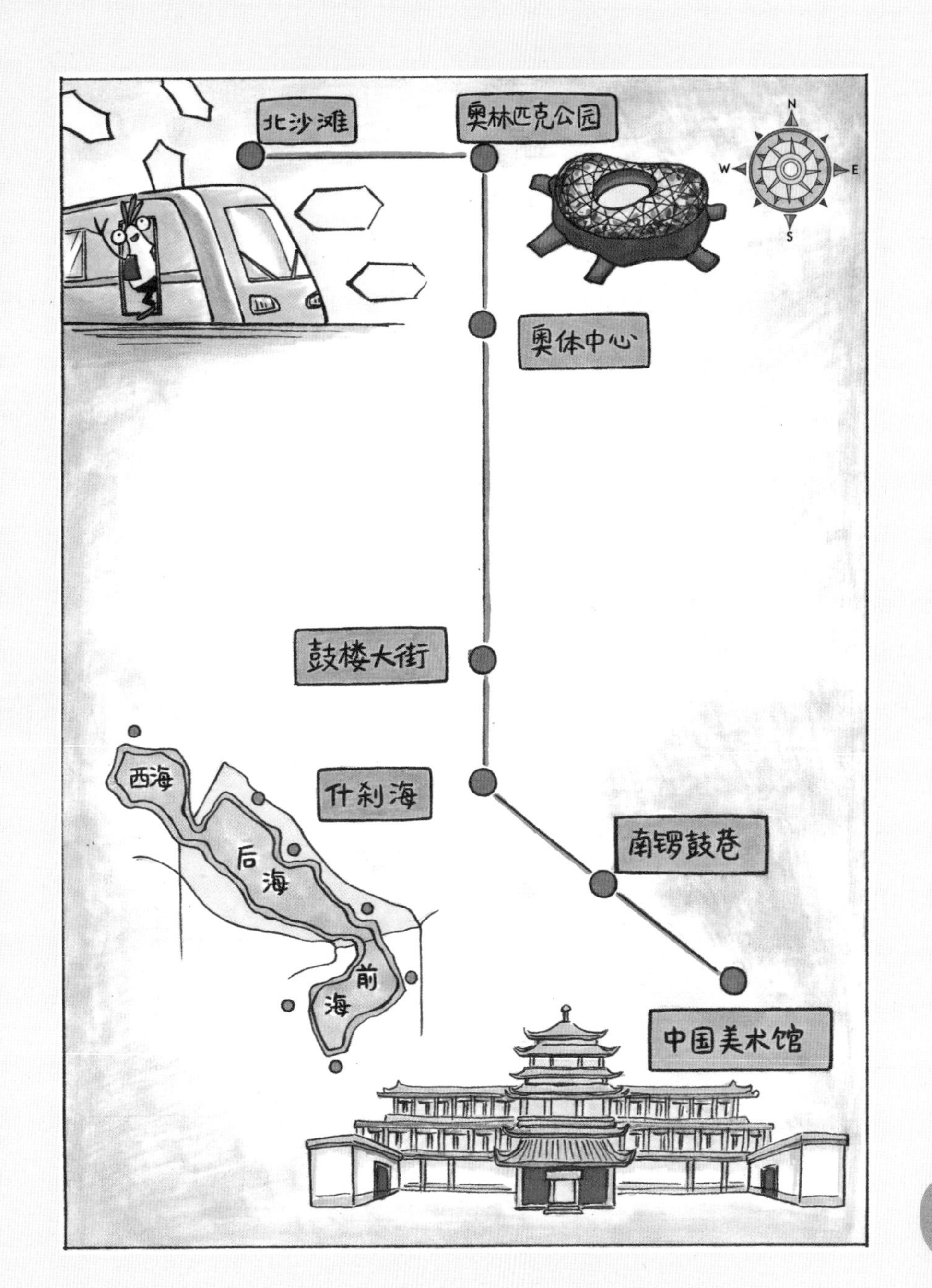

小步从北沙滩地铁站乘地铁，地铁先向______方开，到奥林匹克公园站，再向______方开，到什刹海站后转向______方，两站后到达中国美术馆。

只有一个方向的方向标

玫瑰形的方向标画起来比较复杂，有时候人们就会偷懒在图上只画一个方向，你能根据一个方向推断出其他方向吗？

下面这个动物园导览图上只标出了一个方向，你会正确使用它吗？

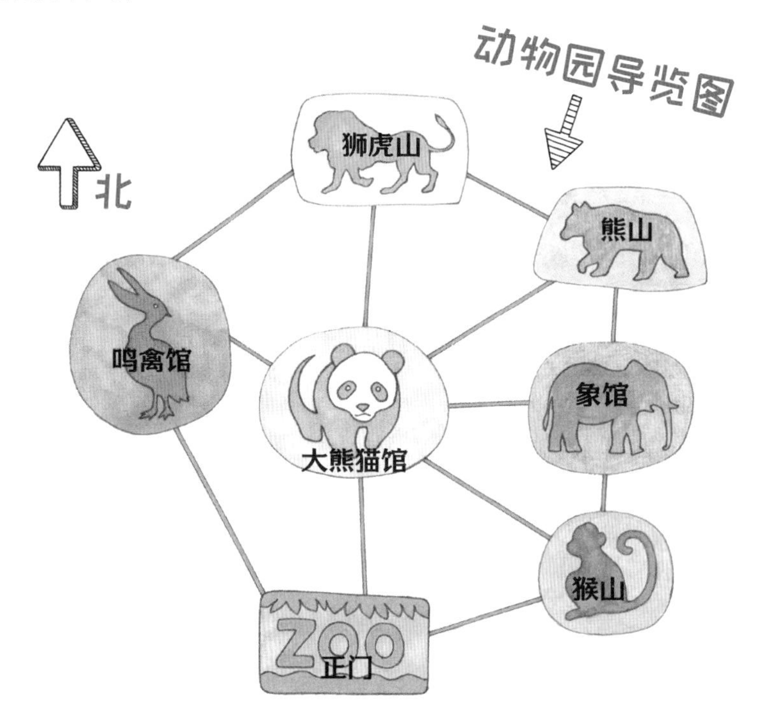

熊山在动物园的______方，狮虎山在动物园的______方，鸣禽馆在动物园的______方。

小步想去熊山，有好几条路线可以走，请你把小步可以走的路线补充完整吧！

1. 从正门出发，向______边走到大熊猫馆，再向______边走到熊山。
2. 从正门出发，向______边走到大熊猫馆，再向______边走到象馆，再向______边走到熊山。
3. 从正门出发，向______边走到猴山，再向______边走到象馆，再向______边走到熊山。

第10页

2. ⇦　　3. ⇦

4. ⇨　　5. ⇨

第11页

2. ⇩

3. ⇨⇧或⇧⇨

4. ⇨⇩或⇩⇨

第12页

第13页

⇩ ⇦ ⇧ ⇧ ⇨

第15页

前；前；左；右；右；后。

第16页

1. 右；左。　　2. 左；右。

第19页

第20页

北　东

西　南

第21页

北

西　东

南

北

太和门

西　　协和门　　东

第23页

1. 北　2. 东　3. 西北　4. 东北
5. 西南　6. 东南

第24页

西北　　东北

图

西南　　东南

第25页

第26页

东；东南；南；东北

第28页

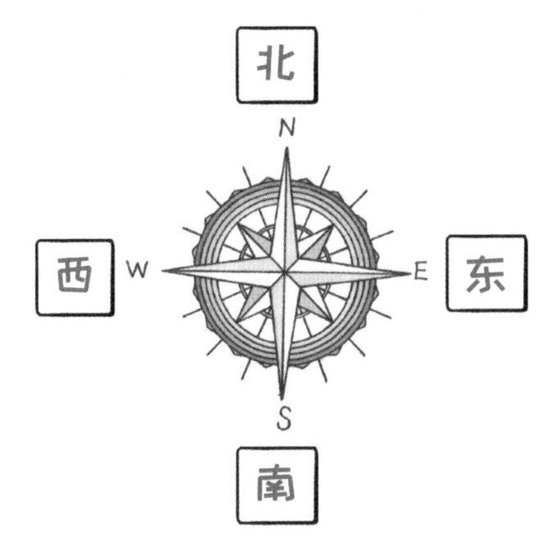

第29页

东；南；东南

第30页

东北；北；西

1. 北；东北

2. 北；东；北

3. 东北；北；北

图书在版编目（CIP）数据

这就是方向与方位 / 郑利强主编 ; 王晓著 ; 段虹绘. -- 北京 : 电子工业出版社, 2022.6
（有趣的地理知识又增加了）
ISBN 978-7-121-42985-9

Ⅰ. ①这… Ⅱ. ①郑… ②王… ③段… Ⅲ. ①方位 – 少儿读物 Ⅳ. ①P127.4-49

中国版本图书馆CIP数据核字（2022）第032375号

责任编辑：季　萌
文字编辑：邢泽霖
印　　刷：北京利丰雅高长城印刷有限公司
装　　订：北京利丰雅高长城印刷有限公司
出版发行：电子工业出版社
　　　　　北京市海淀区万寿路173信箱　邮编：100036
开　　本：889 × 1194　1/12　印张：42　字数：213.6千字
版　　次：2022年6月第1版
印　　次：2025年2月第3次印刷
定　　价：198.00元（全8册）

凡所购买电子工业出版社图书有缺损问题，请向购买书店调换。若书店售缺，请与本社发行部联系，联系及邮购电话：（010）88254888，88258888。
质量投诉请发邮件至zlts@phei.com.cn，盗版侵权举报请发邮件至dbqq@phei.com.cn。
本书咨询联系方式：（010）88254161转1860，jimeng@phei.com.cn。